AF308161

Kaarthik Muthukumar
Kavitha Ganapathy
Rengasamy Ramasamy

Biossíntese de polihidroxibutirato de Botryococcous braunii

Kaarthik Muthukumar
Kavitha Ganapathy
Rengasamy Ramasamy

Biossíntese de polihidroxibutirato de Botryococcous braunii

ScienciaScripts

Dedicated to
my Parents
&
The Almighty
God

CONTEÚDO

Capítulo 1
1. INTRODUÇÃO

Os polímeros são compostos por muitas subunidades conhecidas como monómeros de macromoléculas. A palavra polímero deriva da palavra grega Polus (muitos, muito) meros (partes). Os polímeros são de dois tipos: polímeros naturais e polímeros sintéticos. Os polímeros naturais são derivados de fontes naturais, os polímeros sintéticos são sintetizados quimicamente e o plástico é o melhor exemplo de polímero sintético. Com o desenvolvimento dos polímeros sintéticos, a utilização do plástico entre as pessoas aumentou consideravelmente. A versatilidade do plástico permite-lhe ser utilizado em tudo, desde um grande carro a uma pequena boneca, e até a água que bebemos vem em garrafas de plástico. O plástico tornou-se parte de todos os seres humanos, de uma forma ou de outra, mas, em geral, os plásticos não são degradáveis e causam poluição no ambiente.

O plástico é um material que possui uma vasta gama de sólidos orgânicos sintéticos ou semi-sintéticos que são moldáveis. Os plásticos são classificados com base na estrutura química da espinha dorsal e das cadeias laterais do polímero. Os acrílicos, os poliésteres, os silicones, os poliuretanos e os plásticos halogenados são alguns dos grupos significativos da classificação. Os plásticos são ainda classificados de acordo com o processo químico utilizado na sua síntese, como a condensação, a poliadição e a reticulação.

Os plásticos são de dois tipos: termoplásticos e polímeros termoendurecíveis. A composição química dos termoplásticos não sofre qualquer alteração com o aquecimento, pelo que podem ser moldados repetidamente. O polietileno, o polipropileno, o poliestireno e o cloreto de polivinilo (PVC) são alguns dos termoplásticos.

Os termoplásticos variam entre 20.000 e 500.000 amu, enquanto os polímeros termoendurecíveis têm uma massa molecular infinita. Os plásticos termoendurecíveis são feitos de muitas unidades moleculares repetidas, conhecidas como unidades repetidas, derivadas do monómero. Os plásticos termoendurecíveis podem fundir-se e tomar forma uma vez, depois de solidificados, permanecem sólidos. No processo de termoendurecimento ocorre uma reação química irreversível.

Se olharmos para a história do plástico, os primeiros plásticos eram materiais de origem biológica, como as proteínas do ovo e do sangue, que são polímeros orgânicos. Durante o século XIX, o desenvolvimento dos plásticos aumentou com a descoberta da vulcanização por Charles Goodyear como uma via para materiais termoendurecíveis derivados da borracha natural.

A baquelite foi o primeiro termoendurecível totalmente sintético, descrito pelo químico belga Leo Baekeland no início do século XX. Em 1933, o polietileno foi descoberto pelos investigadores da Imperial Chemical Industries (ICI) Reginald Gibson e Eric Fawcett. As melhorias na tecnologia química conduziram a uma explosão de novas formas de plásticos, após a Primeira Guerra Mundial, tendo a produção em massa começado por volta das décadas de 1940 e 1950. O polipropileno foi descoberto em 1954 por Giulio Natta e começou a ser fabricado em 1957. O cloreto de polivinilo (PVC) foi criado em 1872, mas começou a ser produzido comercialmente no final da década de 1920. O desenvolvimento dos plásticos passou da utilização de materiais plásticos naturais (por exemplo, pastilha elástica, goma-laca) para a utilização de materiais naturais quimicamente modificados (por exemplo, borracha, nitrocelulose, colagénio, galalite) e, finalmente, para moléculas completamente sintéticas.

A maioria dos plásticos é durável e degrada-se muito lentamente. As suas ligações químicas tornam-nos tão duráveis que tendem a torná-los resistentes à maioria dos processos naturais de degradação. Devido ao seu baixo custo, facilidade de fabrico, versatilidade e impermeabilidade à água, os plásticos são utilizados numa enorme e crescente gama de produtos, desde clips de papel a naves espaciais. Já substituíram muitos materiais tradicionais, como a madeira, a pedra, o chifre, o osso, o couro, o papel, o metal, o vidro e a cerâmica, na maior parte das suas utilizações anteriores.

A química orgânica do polímero, como a dureza, a densidade e a resistência ao calor, aos solventes orgânicos, à oxidação e às radiações ionizantes, define principalmente as propriedades dos plásticos. Existem certas espécies e comunidades microbianas

capazes de degradar plásticos são descobertas de tempos a tempos, e algumas são promissoras para a biorremediação de certas classes de resíduos plásticos. Mas as bactérias só conseguem degradar uma parte ou subprodutos dos plásticos e este processo necessita de vários anos de degradação. Uma vez que este processo de degradação de plásticos por bactérias é de longo prazo, os biomateriais foram utilizados como fonte alternativa a partir da qual podem ser produzidos biopolímeros ou bioplásticos que podem ser facilmente degradados, principalmente estes biomateriais são substâncias que são extraídas de organismos vivos (Shakhashiri, 2012).

Os biopolímeros são produzidos por organismos vivos. A celulose, o amido, as proteínas, os péptidos, o ADN e o ARN são exemplos de biopolímeros, cujas unidades monoméricas são os açúcares, os aminoácidos e os nucleótidos. As plantas, os micróbios e as microalgas são as melhores fontes de biopolímeros. Os polihidroxialcanoatos (PHA) estão amplamente distribuídos em diferentes espécies microbianas e são acumulados intracelularmente sob a forma de grânulos de armazenamento. Talvez o primeiro relatório sobre grânulos lúcidos de PHAs em células bacterianas tenha sido feito por Beijerinck em 1888 (relatado em Chowdhury, 1963). O cientista francês Maurice Lemoigne, que trabalhava na filial de Lille do Instituto Pasteur - França, teve o interesse de caraterizar estes corpos de inclusão, que foram encontrados em *Bacillus* spp.

O polihidroxibutirato (PHB) é um biopolímero que pertence à família dos PHA, um polímero pertencente à classe dos poliésteres, com interesse como plásticos bioderivados e biodegradáveis. Mais de 150 monómeros diferentes podem ser combinados dentro desta família para dar origem a materiais com propriedades extremamente diferentes. O PHB foi extraído pela primeira vez de bactérias por Maurice Lemoigne em *Ralstonia eutrophus ou Bacillus megaterium* no ano de 1926. Também foi registado em microalgas. O PHB tem uma vasta gama de aplicações, podendo ser utilizado na administração de medicamentos em vez de nanopartículas, uma vez que é facilmente degradável. Degradar-se-á sob a forma de água e de dióxido de carbono no interior do corpo. Pode também ser utilizado para o fabrico de sacos de transporte que causam uma poluição elevada no ambiente, uma vez que é biodegradável. Os sacos de transporte feitos de PHB podem ser facilmente degradados e não causam qualquer poluição no ambiente e são amigos do ambiente. O principal obstáculo à extração de PHB dos micróbios, principalmente das bactérias, é o substrato, a fonte de carbono. As fontes de carbono disponíveis são mais dispendiosas, o que constitui um grande obstáculo à produção comercial de PHB (Congresso dos EUA, Making Materials Nature's Way - Background Paper, 1993).

Com base nestes conhecimentos, o objetivo do presente estudo é detetar a estirpe de algas eficaz para uma elevada acumulação de PHB com as características desejadas, utilizando um substrato barato que ajuda no tratamento de águas residuais, para além de que as estirpes tratadas com UV-B também foram examinadas quanto à acumulação de PHB juntamente com o controlo.

Capítulo 2

2. REVISÃO DA LITERATURA

Os polímeros são substâncias cujas moléculas têm massas molares elevadas e são compostas por um grande número de unidades monoméricas que se repetem. O amido, a celulose, as proteínas e os lípidos são os principais polímeros naturais. Os polímeros sintéticos são produzidos comercialmente em grande escala e têm uma vasta gama de propriedades e utilizações. Os materiais vulgarmente designados por plásticos são todos polímeros sintéticos. Os polímeros são formados por reacções químicas em que um grande número de moléculas chamadas monómeros se juntam sequencialmente, formando uma cadeia. Em muitos polímeros, é utilizado apenas um monómero. Noutros, podem ser combinados dois ou três monómeros diferentes.

Os polímeros são classificados de acordo com as características das reacções pelas quais são formados. Se todos os átomos dos monómeros forem incorporados no polímero, este é designado por polímero *de adição*. Se alguns dos átomos dos monómeros forem libertados em pequenas moléculas, como a água, o polímero é designado por polímero de *condensação*. A maioria dos polímeros de adição é feita a partir de monómeros que contêm uma ligação dupla entre os átomos de carbono. Estes monómeros são designados por olefinas e a maioria dos polímeros de adição comerciais são poliolefinas. Os polímeros de condensação são fabricados a partir de monómeros que possuem dois grupos diferentes de átomos que podem unir-se para formar, por exemplo, ligações éster ou amida. Os poliésteres são uma classe importante de polímeros comerciais, tal como as poliamidas (Shakhashiri, 2012).

Os plásticos são normalmente compostos por polímeros sintéticos artificiais. A sua estrutura não é natural, pelo que os plásticos não são biodegradáveis. Com base nos avanços na compreensão da correlação entre a estrutura e as propriedades dos polímeros e os processos naturais, foram desenvolvidos novos materiais com as propriedades e a capacidade de utilização dos plásticos, mas que são biodegradáveis. Os plásticos biodegradáveis decompõem-se totalmente em dióxido de carbono, metano, água, biomassa e compostos inorgânicos em condições aeróbias ou anaeróbias e sob a ação de organismos vivos (Andrej Krzan, 2012). A dependência dos plásticos convencionais e a sua utilização sem limites resultaram na acumulação de resíduos e na emissão de gases com efeito de estufa. As tecnologias recentes estão direccionadas para o desenvolvimento de materiais bio-verdes que exercem efeitos secundários negligenciáveis no ambiente.

Um polímero biodegradável, o polihidroxialcanoato (PHA), tem vindo a suscitar grande interesse devido às suas propriedades físicas semelhantes às dos plásticos sintéticos. Ao contrário dos plásticos sintéticos, o PHA é produzido a partir de recursos renováveis e é degradado aerobicamente por microrganismos em CO_2 e H_2O aquando da sua eliminação. A seleção de estirpes microbianas adequadas, fontes de carbono pouco dispendiosas, processos de fermentação e recuperação eficientes são aspectos importantes que devem ser tidos em consideração para a comercialização de PHA. (Jiun-Yee Chee *et al.*).

STRUCTURE

PHA   PHB

2.1.1 Polihidroxibutirato

O polihidroxibutirato (PHB) é um polímero biodegradável, que se encontra acumulado sob a forma de grânulos intracelulares numa variedade de microrganismos. Este polímero biodegradável pode ser transformado em películas, fibras, folhas e até pode ser moldado em forma de saco ou garrafa, além de ter uma aplicação especial na indústria médica como implantes médicos absorvíveis. O principal fator que impede a produção em grande escala e a comercialização do PHB é o elevado custo de produção. Para reduzir os custos, é necessário utilizar substratos baratos, melhorar as práticas de cultivo e facilitar os métodos de processamento a jusante.

O polihidroxibutirato é o primeiro e o mais conhecido membro dos PHA, tendo sido descoberto por Maurice Lemoigne em 1926 (Jackson e Srienc, 1994). O PHB é um homopolímero alifático do ácido polihidroxibutírico com um ponto de fusão de 179 °C e é altamente cristalino (80%). O PHB tem algumas propriedades semelhantes às do polipropileno, com três características únicas: capacidade de processamento termoplástico, 100% de resistência à água e 100% de biodegradabilidade (Hrabak, 1992).

1.1.1.1.1 Biossíntese de PHB

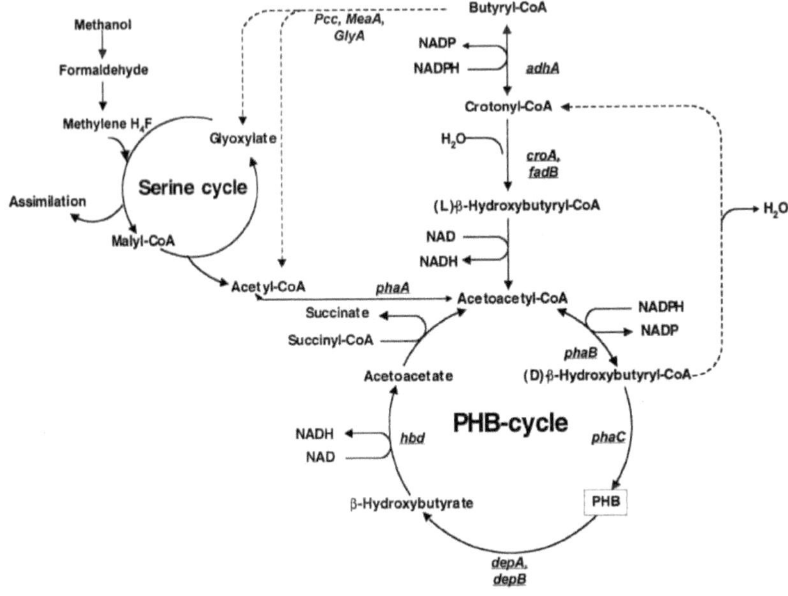

Os PHBs são acumulados nas células bacterianas de forma solúvel a insolúvel como materiais de armazenamento dentro dos corpos de inclusão durante uma nutrição desequilibrada ou para salvar os organismos de equivalentes redutores. Os PHBs são novamente convertidos em componentes solúveis por PHB despolimerases e os materiais degradados entram em várias vias metabólicas. Até à data, são conhecidas quatro classes de enzimas responsáveis pela polimerização de PHAs. Os PHBs foram bem estudados relativamente às suas aplicações promissoras e propriedades físicas, químicas e biológicas. Os PHBs são biodegradáveis, biocompatíveis, têm boas propriedades materiais, são renováveis e podem ser utilizados em muitas aplicações. O fator mais limitante dos PHBs

comercialização é o seu elevado custo em comparação com os plásticos derivados do petróleo (Amro Abd Al Fattah Amara, 2008).

Os PHAs são um grupo de polímeros biodegradáveis intracelulares produzidos pela (maioria das) bactérias em condições de crescimento desequilibradas. Há uma série de enzimas envolvidas na síntese de diferentes PHAs, mas as PhaC sintases são responsáveis pela etapa de polimerização. Os PHAs são acumulados nas células bacterianas de forma solúvel a insolúvel como materiais de armazenamento dentro dos corpos de inclusão durante uma nutrição desequilibrada ou para salvar os organismos de equivalentes reduzidos. Os PHAs são novamente convertidos em componentes solúveis por outras vias e enzimas para o processo de degradação. As PHAs despolimerases são as enzimas responsáveis (Amro A. Amara, 2011).

As cianobactérias têm muitas potencialidades inexploradas de produtos naturais com uma enorme variabilidade de estrutura e atividade biológica. Em condições de stress, há relatos de que produzem biopolímeros como o polihidroxibutirato (PHB), que pode ser produzido intracelularmente. As cianobactérias são capazes de sintetizar pequenas quantidades de PHB em condições de carência de azoto e fósforo

(Sundaramoorthy *et al.*, 2012).

A acumulação máxima de PHB em *A. fertilissima* foi encontrada na descarga sedimentada do tanque de peixes a 20 cm de profundidade de cultura com agitação e um tamanho inicial de inóculo de 80 mg de peso de células secas/litro. Em condições optimizadas, o rendimento de PHB foi aumentado para 92, 89 e 80 gm, respetivamente para as estações do verão, das chuvas e do inverno. A extrapolação do resultado mostrou que um hectare de cultivo de *A. fertilissima* na descarga do tanque de peixes daria uma colheita anual de 17 toneladas de biomassa seca, consistindo em 14 toneladas de PHB com propriedades materiais comparáveis às do polímero bacteriano, com tratamento simultâneo de 32.640 m^3 descarga de água (Shilalipi Samantaray *et al.*, 2011).

1.1.1.1.2 Rastreio de microrganismos produtores de PHB
2.1.3.1.1 Produção de PHB por bactérias

As culturas que podem armazenar concentrações elevadas de PHA podem ser consideradas boas candidatas à produção de PHA. É de notar que a cultura também deve ser capaz de crescer num substrato de crescimento barato. Lee (1996) também sugeriu que a taxa de crescimento do microrganismo e a sua taxa de síntese de polímeros são factores que devem ser considerados ao selecionar um potencial candidato à produção de PHA.

Tajima *et al.*, (2003) isolaram uma bactéria gram-positiva (designada como estirpe INT005) de um solo de campo que acumulou poli-hidroxialcanonato (PHA) de um solo de campo de gramíneas. As produtividades de PHA da estirpe INT005 eram superiores às de *Bacillus megaterium* e *Raalstonia eutropho* a 37 - 45 °C e o PHA apresentava uma termoestabilidade moderada.

Sujatha *et al.*, (2005) isolaram bactérias produtoras de PHB de diferentes locais, tais como solo de jardim, lamas de depuração, solo de campo e efluentes de curtumes.

Obtiveram mais estirpes PHB positivas a partir de lamas de depuração e efluentes de curtumes do que de outras fontes.

2.1.3.1.2 . Produção de PHB por leveduras

Safak *et al.,* (2002) isolaram 15 estirpes de levedura do chá Kombuchá e identificaram-nas como *Saccharomyces cervisiae, Candida krusei, Kloeckera apiculata e Kluyeromyces africans*. Foram avaliadas quanto à produção de PHB.

Verificou-se que a acumulação de PHB nestas estirpes era uma fonte da acumulação de PHB em *Rhodotorula glutinous* Var. glutins 60 e *S.diastaticus*. As diferentes fontes de N testadas não tiveram qualquer influência na produção de PHB em *R. glutinosa* Var. glutinosa 60. Por outro lado, quando a estirpe foi cultivada em meio de manitol como fonte de carbono, observou-se que a produção de PHB era mais elevada do que o controlo e a produção de PHB aumentou para 21,95 por cento.

2.1.3.1.3 . Produção de PHB por Actinomicetos

No que diz respeito aos actinomicetos, até à data, existem muito poucos relatórios disponíveis. De 20 isolados, apenas um Streptomyces sp. NM10 apresentou resultados positivos por Magada M. Aly *et al.,* (2011). Nesta estirpe, a taxa de produção varia entre 9% e 15,2% a 25 °C.

2.1.3.1.4 . Produção de PHB por cianobactérias

Sudesh *et al.,* (2001) observaram que *Synechocysti* sp. cc6803 acumulava PHA. O teor de PHA era de cerca de 5% do peso celular. Mostraram que a biossíntese podia ser melhorada através da introdução de várias cópias do gene heterólogo da PHA sintase. A coloração com azul de Nilo A e a microscopia eletrónica de fratura por congelação revelaram a presença de muitas inclusões de PHA no citoplasma das células. O peso relativamente baixo de PHA na cianobactéria, quando comparado com o de outras bactérias, deveu-se provavelmente ao seu pequeno tamanho e massa. Também referiram que a capacidade de síntese de PHA da cianobactéria poderia, de facto, ser bastante semelhante à demonstrada pela maioria das bactérias na natureza.

2.1.4. Métodos de rastreio da acumulação de PHB em microalgas
2.1.4.1.1 Métodos de coloração para a deteção de PHB

As culturas puras isoladas foram ainda utilizadas para o rastreio da sua produção de PHB utilizando o método de coloração com vermelho do Nilo, no qual 200 µl de amostras de algas foram adicionados com 50 µl de corante vermelho do Nilo (1mg/ml de stock DMSO) e incubados durante 10 minutos à temperatura ambiente, seguido de uma lavagem completa com água destilada dupla. Finalmente, utilizou-se o método de montagem húmida para preparar as lâminas com a cultura de algas e observaram-se as lâminas ao microscópio fluorescente (Mahishi *et al.*, 2003) a 465 nm de excitação (Sundaramoorthy *et al.*, 2012).

As microalgas estão presentes não só nos ecossistemas aquáticos mas também nos terrestres e, das cerca de 50.000 espécies existentes, apenas um número limitado, cerca de 30.000, foi estudado e analisado. Neste estudo, três culturas de microalgas verdes coloniais unicelulares foram isoladas de várias bacias hidrográficas na região nordeste da Tailândia. As três culturas de microalgas isoladas foram identificadas como *Scenedesmus obliquus*, *S. armartus* e *S. bernadii*, por exame morfológico ao microscópio, com base na forma das células. A forte presença de *Scenedesmus não* é surpreendente e é corroborada pelos resultados de outros estudos que efectuaram o rastreio e a identificação de microalgas para potencial produção de biodiesel a partir de cursos de água. Entre as 55 espécies de algas observadas por este trabalho, *Scenedesmus* apresentou a maior riqueza de espécies, sendo representada por 14 espécies. Das três microalgas encontradas, apenas a cultura da microalga *Scenedesmus obliquus* foi selecionada para estudo posterior, com base no seu potencial de acumulação de lípidos. Após coloração com Sudan black B., a cor azul-escura só apareceu como gotículas grandes em *S. obliquus* (Chiu, 2011).

2.1.4.1.2 . Acumulação de PHB sob tratamento UV-B

A destruição antropogénica da camada de ozono estratosférico (Frederick e Lubin 1988) resultou num aumento do nível de radiação UV-B na superfície terrestre. O aumento na região UV-B (280 - 315 nm) é de particular interesse, tendo em conta o seu efeito adverso nos sistemas biológicos (Coohill, 1991). O impacto do aumento da irradiação UV-B no crescimento, motilidade e pigmentação foi investigado em algas e cianobactérias (Hader e Hader 1989). A irradiação UV-B afecta também o ADN, as proteínas, os lípidos e os pigmentos fotossintéticos e altera os principais processos fisiológicos (Dohler 1985, Karentz *et al.* 1991, Tyagi *et al.* 1992, Vincent e Roy 1993, Rai *et al.* 1995, Adhikary 2003/4) que regulam a proliferação e o desenvolvimento das algas nos ecossistemas aquáticos. Os efeitos individuais dos UV-B e dos metais pesados em várias actividades fisiológicas de algas e cianobactérias foram investigados em grande medida, mas foi dada muito pouca atenção à fotossíntese, à peroxidação lipídica e às enzimas antioxidantes nestes microrganismos após a exposição simultânea aos UV-B e aos metais pesados, uma situação que é provável que exista em ambientes aquáticos.

2.1.5. Fonte alternativa mais barata para a produção de PHA

Os plásticos têm sido uma parte integrante da nossa vida. No entanto, a eliminação destes plásticos não biodegradáveis constitui uma ameaça para o nosso ambiente. Assim, o desenvolvimento de plásticos biodegradáveis tem suscitado grande interesse. Os PHB são polímeros que se acumulam como carbono/energia nas células microbianas e constituem uma alternativa aos plásticos petroquímicos devido às suas propriedades de biodegradabilidade. No entanto, os principais problemas na comercialização do PHB são o elevado custo de produção devido a substratos de carbono dispendiosos e processos de produção fastidiosos utilizando culturas puras. Por conseguinte, foram exploradas as aplicações de culturas mistas e fontes de carbono baratas. Os resíduos de cafetaria são um substrato potencial para a produção de PHB, uma vez que contêm elevadas concentrações de carbono orgânico (COD > 2.000mg/L) e de nutrientes (Huey, 2006).

2.1.6. Extração de PHB

As células foram colhidas por centrifugação (10000 rpm, 10min), lavadas com água destilada e a biomassa foi suspensa em metanol durante a noite a 4 °C para a remoção de pigmentos. O sedimento obtido após a centrifugação foi seco a 60 °C e o PHB foi extraído em clorofórmio quente. O PHB foi precipitado da solução de clorofórmio. Em seguida, o polímero foi dissolvido em clorofórmio. Após a evaporação do solvente, o PHB foi obtido sob a forma de uma película dura e translúcida. (Sundaramoorthy *et al.*, 2012).

Foi estudada a acumulação de PHB em *Nostoc muscorum*. As células colhidas na fase estacionária de crescimento apresentaram uma acumulação máxima, ou seja, 8,6% (p/p) de células secas, em comparação com as fases lag (4,1%) ou logarítmica (6,1%) das culturas. Em contraste com o pH alcalino, verificou-se que o pH ácido, a iluminação contínua e as células cultivadas na presença de fontes de azoto combinadas, como o NH_4Cl e o KNO_3, afectaram negativamente a acumulação de PHB. No entanto, a deficiência de P e a adição de fontes de carbono exógenas (acetato, glucose, maltose, frutose e etanol) foram consideradas estimulantes para a acumulação de PHB. Neste relatório, a acumulação de PHB em *N. muscorum* foi aumentada até 35% (w/w) de células secas quando as células suplementadas com 0,2% de acetato foram sujeitas a incubação no escuro durante 7 dias. São necessários mais estudos ao nível da engenharia metabólica ou da aplicação de técnicas de engenharia genética para melhorar o nível de expressão da fotoprodução de PHB em cianobactérias. (Laxuma, 2004).

2.1.7. Biodegradação de PHA

A propriedade que distingue os PHA dos plásticos derivados do petróleo é a sua biodegradabilidade. A biodegradação do PHA em condições aeróbicas resulta em CO_2 e H_2O, enquanto que em condições aeróbicas, os produtos de degradação são CO2 e CH_4. Os PHA são compostáveis numa vasta gama de temperaturas, mesmo a um máximo de cerca de 600C com níveis de humidade de 55%. Estudos demonstraram que 85% dos PHA foram degradados em sete semanas (Johnstone, 1990; Flechter, 1993). Foi registado que os PHA se degradam em ambientes aquáticos em 254 dias, mesmo a uma temperatura não superior a 60^0 C (Jhonstone, 1990).

Os PHAs degradam-se quando expostos ao solo, composto ou sedimento marinho. A biodegradação depende de uma série de factores, como a atividade microbiana do ambiente e a área de superfície exposta, a humidade, a temperatura e o pH (Boopathy, 2000).

2.1.8. Aplicações de plásticos biodegradáveis produzidos a partir de PHA

Segundo Lafferty *et al.* (1988), as possíveis aplicações do PHA bacteriano estão diretamente relacionadas com as suas propriedades, tais como a degradabilidade biológica, as características termoplásticas, as propriedades piezoeléctricas e a despolimerização do PHB em ácido D-3-hidroxibutírico monomérico.

2.1.8.1.1. Aplicações agrícolas

Os PHAs são biodegradáveis no solo. Por conseguinte, a utilização de PHAs na agricultura é muito prometedora. Podem ser utilizados como transportadores biodegradáveis para a dosagem a longo prazo de insecticidas, herbicidas ou fertilizantes, como recipientes para plântulas e bainhas de plástico para proteger as plântulas, como matriz biodegradável para a libertação de medicamentos em medicina veterinária e como tubos para a irrigação das culturas. Também aqui não é necessário remover os objectos biodegradáveis no final da época de colheita (Lafferty *et al.*, 1988).

2.1.8.1.2. Aplicações de embalagem de géneros alimentícios

Inicialmente, os PHAs eram utilizados em películas de embalagem em sacos, contentores e revestimentos de papel. Aplicações semelhantes às dos plásticos convencionais incluem artigos descartáveis como lâminas de barbear, utensílios, fraldas, produtos de higiene feminina, recipientes de cosméticos, frascos de champô e copos. De acordo com Lafferty *et al.*, (1988) o homopolímero PHB e o copolímero PHB - PHV têm algumas propriedades, ou seja, resistência à tração e flexibilidade, semelhantes às do polietileno e do poliestireno. Estas propriedades das películas de PHB tornaram possível a sua utilização em embalagens de alimentos.

2.1.8.1.3. Cenário indiano

A Índia não está a ficar para trás. Ltd, Hyderabad, em colaboração com o Instituto de Microbiologia Industrial de Xangai, na China, e a Vichy Biomaterials, em França, criou uma unidade de fabrico de polímeros de alta qualidade e biodegradáveis. A tecnologia baseia-se na fermentação microbiana do amido de milho em ácido lático e na destilação em vácuo e polimerização deste em ácido poliláctico. É o primeiro projeto da sua classe no Sudeste Asiático. Os produtos finais têm aplicações na indústria médica e dentária como implantes médicos absorvíveis. O projeto tem uma capacidade de 5.000 toneladas/ano (www.spc.biotech.com).

2.1.8.1.4. Economia da produção de PHA

A normalização de todas as condições de fermentação é um pré-requisito para a implementação bem sucedida de sistemas comerciais de produção de PHA. O preço do produto depende, em última análise, do custo do substrato, do rendimento de PHA no substrato e da eficiência da formulação do produto no processamento a jusante (Lee,

1996). Isto implica níveis elevados de PHA em percentagem do peso seco das células e uma elevada produtividade em termos de gramas de produto por unidade de volume e tempo (De Koning e Witholt, 1997; Koning *et al.,* 1997). As aplicações comerciais e a utilização alargada de PHA são dificultadas pelo seu preço. O custo do PHA utilizando o produtor natural *A. eutropphus é de* 16 dólares americanos/kg, o que é 18 vezes mais caro do que o polipropileno. Com a *E. coli* como produtora de PHA, o preço poderia ser reduzido para 4 dólares americanos por kg, o que se aproxima de outros materiais plásticos biodegradáveis, como o PLA e os poliésteres alifáticos. O preço comercialmente viável deverá ser de 3 a 5 dólares por kg (Lee, 1996).

Capítulo 3
3. OBJECTIVOS DA INVESTIGAÇÃO

O sucesso da estratégia de biopolímeros depende em grande medida do isolamento de microalgas produtoras de biopolímeros potentes e da otimização dos parâmetros de cultura para a biossíntese máxima de biopolímeros, utilizando substratos baratos para reduzir o custo de produção, juntamente com o PHB e outros processos benéficos.

Tendo em conta estes pontos, o presente estudo abordou os seguintes objectivos

- Rastreio de potenciais produtores de PHB a partir das microalgas seleccionadas.

- Purificação de PHB a partir da estirpe microalgal positiva.

- Caracterização do PHB.

  ❖ Espectroscopia de infravermelhos com transformada de Fourier (FTIR)

  ❖ Análise termogravimétrica (TGA)

  ❖ Microscopia eletrónica de transmissão (TEM)

  ❖ Difração de raios X em pó

- Estudos sobre a acumulação de PHB sob tratamento UV-B

- Utilização de água de esgoto para acumulação de PHB.

Capítulo 4

4. MATERIAIS E MÉTODOS

4.1.1. Limpeza do material de vidro

Todos os objectos de vidro utilizados no estudo foram imersos numa solução de limpeza preparada segundo o método descrito por Mahadevan e Sridhar (1996) durante algumas horas. Em seguida, os objectos de vidro foram lavados cuidadosamente com água da torneira, seguida de uma solução detergente e, finalmente, enxaguados com água destilada. Os artigos de vidro limpos foram secos numa estufa de ar quente e armazenados.

4.1.2. Composição da solução de limpeza

$$\text{Dicromato de potássio - 60} \qquad \text{g}$$

$$\text{Conc. } H_2SO_4 \qquad -60 \qquad \text{ml}$$

$$\text{Água} \qquad \text{destilada-1000ml}$$

4.1.3. Esterilização

Todos os materiais de vidro, meios e soluções utilizados no presente estudo foram autoclavados a 121°C com 15 min psi durante 20 min.

4.1.4. Produtos químicos

Foram utilizados produtos químicos de qualidade analítica fornecidos por Hi Media, SD Fine Chemicals, Merck, Qualigens e Sigma Chemicals. Foram seguidas as técnicas laboratoriais gerais recomendadas por Purvis *et al.* (1966) e Tuite (1969) para a preparação dos meios, a inoculação e a manutenção das culturas.

4.1.5. Recolha de culturas

A cultura de *Chlorella vulgaris, Chlorococcum humicola* e *Botryococcus braunii* foi obtida no CAS em Botânica, Universidade de Madras, Chennai.

4.1.6. Manutenção de microalgas

As microalgas, como *Chlorella vulgaris e Chlorococcum humicola,* foram cultivadas em meio Bold Basal Medium (BBM) e *Botryococcus braunii* em meio CHU-13, respetivamente, e mantidas a $25 \pm 1°C$ a $30 \mu E m^{-2} s^{-} 1$ de intensidade luminosa e fotoperíodo de 12/12 de luz/escuro.

4.1.7. Composição do meio basal Bold (g/L) (Kanz e Bold, 1969)

$NaNO_3$	-	25
$CaCl_2.2H_2O$	-	2.5
$MgSO_4.7H_2O$	-	7.5
$K_2HPO_4.3H_2O$	-	7.5
KH_2PO_4	-	17.5
$NaCl$	-	2.5

Adicionar a 1000 mL de água destilada 0,75 g de Na2 EDTA e minerais pela seguinte ordem:- Solução de oligoelementos

$FeCl_2.6H_2O$	-	97.0	mg
$MnCl_2.4H_2O$	-	41.0	mg
$ZnCl_2.6H_2O$	-	5.0	mg
$CoCl_2.6H_2O$	-	2.0	mg
$Na_2MoO_4.2H_2O$	-	4.0	mg

4.1.8. Meio CHU - 13 modificado (Yamaguchi *et al.*, 1987)

Elementos macro

KNO_3	-	371 mg
K_2HPO_4	-	80 mg
$MgSO_4.2H_2O$	-	200 mg
$CaCl_2. 2H_2O$	-	107 mg

Citrato férrico	-	20 mg
Ácido cítrico	-	100 mg
Microelementos	-	1 mL da solução-mãe

Microelementos (Stock para 1000 mL de água destilada em vidro)

H_3BO_3	-	2.86 g
$MnCl_2 .4H_2O$	-	1.81 g
$ZnSO_4 .7H_2O$	-	0.22 g
$Na_2MoO_4 .2H_2O$	-	0.39 g
$CuSO_4 .5H_2O$	-	0.08 g
$Co (NO_3)_2 .6H_2O$	-	0.05 g
Con. H_2SO_4	-	1 mL

Água destilada		-1 L

4.1.9. Exposição à radiação UV - B

Os organismos testados, como *Chlorella vulgaris*, *Chlorococcum humicola* e *Botryococcus braunii*, foram expostos à radiação UV-B. O organismo testado cultivado em cultura líquida foi transferido para uma placa de Petri esterilizada (17 x 2,5 cm) e exposto a radiação UV-B artificial ($3W/m^2$) durante 60 minutos, para além do controlo (cultura não irradiada). O sistema de radiação UV-B era constituído por um conjunto de três lâmpadas ultravioletas longas (UV-B). A emissão espetral da fonte UV-B varia entre 280 e 320 nm, com um pico a 312 nm.

4.1.10. Estudo de crescimento

O crescimento da microalga *Botryococcus braunii* foi observado através da inoculação de 50 mL de cultura em frascos Erlenmeyer separados de 1000 mL, contendo 450 mL do respetivo meio basal e mantidos em condições laboratoriais. Este estudo foi efectuado durante um período de 30 dias. Em cada intervalo de três dias, foram retirados 5,0 ml de amostras da cultura e registados os seguintes parâmetros: os níveis de clorofila *a,* clorofila *b,* carotenóides totais, lípidos totais e biomassa foram estimados e registados. Os valores são expressos em mg/L.

4.1.11. Estimativa da biomassa

O crescimento das culturas foi medido através da densidade ótica (OD) e do peso seco (DW). A densidade ótica foi registada utilizando um colorímetro a 670 nm. A biomassa (g L^{-1}) foi registada filtrando 20 mL de cultura de algas com um filtro de fibra de vidro Whatman GF/C de 4,7 cm previamente pesado. O filtro, juntamente com a biomassa de algas, foi seco a 65° C durante 2 h, arrefecido à temperatura ambiente num exsicador a vácuo e pesado gravimetricamente.

4.1.12. Determinação do pigmento
4.1.12.1.1. Extração de pigmentos

Os pigmentos foram observados utilizando o espetrofotómetro Milton Roy UV - Visível. Foram retirados 5 ml de amostra de cultura e centrifugados a 5000 rpm durante 10 minutos e o sobrenadante foi eliminado. O pellet de algas foi então adicionado a 5 ml de acetona a 80% e macerado com um pilão e um almofariz. Em seguida, foi coberto com papel preto e mantido durante a noite a 4° C. A amostra foi então centrifugada a 5000 rpm durante 10 minutos. O sobrenadante foi recolhido e a densidade ótica foi medida a 644,8 nm, 661,6 nm e 470 nm (Lichtenhaler, 1987).

4.1.12.1.2. Estimativa dos pigmentos

O pigmento clorofila foi quantificado utilizando a seguinte fórmula,

Chlorophyll a (mg/L) $\quad=\quad$ $11.24 \times A_{661.6} - 2.404 \times A_{644.8}$

Chlorophyll b (mg/L) $\quad=\quad$ $20.13 \times A_{644.8} - 4.19 \times A_{661.6}$

Total Carotenoids (mg/L) $\quad=\quad$ $\dfrac{1000 \times A_{470} - 1.9 \times \text{Chl } a - 63.14 \times \text{Chl } b}{214}$

4.1.13. Extração e estimativa dos lípidos totais

4.1.13.1.1. Reagentes

Clorofórmio: Metanol (2:1, v/v)

Foram misturados 50 ml de clorofórmio com 25 ml de metanol.

Solução salina fisiológica (0,9%)

Novecentos mg de NaCl foram dissolvidos em água destilada em vidro e completados para 100 mL.

Reagentes de fosfovanilina

Duzentos miligramas de vanilina foram adicionados à mistura de 80 mL de ácido ortofosfórico e 20 mL de água destilada em vidro.

4.1.11.1.1. Extração de lípidos

Cinco mL de cultura foram centrifugados a 5000 rpm durante 5 minutos. O pellet foi homogeneizado num Sonicador com 6 mL de Clorofórmio: Metanol (2:1). Em seguida, foi transferido para um funil de separação e adicionado com 2 mL de 0,9 mL de solução salina e bem misturado. Esta mistura foi deixada sem perturbações durante uma noite. Em seguida, 0,5 ml da fase inferior do clorofórmio contendo lípidos foi recolhido num frasco e o solvente foi deixado evaporar à temperatura ambiente e o sedimento foi recolhido (Folch *et al.*, 1957).

4.1.11.1.2. Estimativa dos lípidos

Adicionou-se ao sedimento 0,5 ml de ácido sulfúrico concentrado e misturou-se bem. Os tubos foram fechados com bolas de vidro e mantidos num banho de água a ferver durante 10 minutos e deixados arrefecer à temperatura ambiente. A 0,2 mL de amostra foram adicionados 5 mL de reagente de vanilina, bem misturados e deixados em repouso durante 30 minutos. A cor desenvolvida foi lida a 520 nm. O gráfico padrão foi preparado usando colesterol variando de 5,0 a 50 $\mu g/mL$ e os valores são expressos como $\mu g/mL$ ou mg L^{-1} .

4.1.14 Rastreio de estirpes positivas para PHB Coloração com Sudan Black B

As culturas de microalgas foram imersas em 0,5% (w/w) de coloração Sudan Black B com etilenoglicol durante 5 minutos. Em seguida, a lâmina foi seca ao ar, a quantidade excessiva de corante foi removida com xileno várias vezes e seca com papel absorvente. A lâmina foi lavada com água da torneira e seca. As células coradas foram observadas ao microscópio ótico.

4.1.14. Coloração com vermelho do Nilo

As culturas puras isoladas foram ainda utilizadas para o rastreio da sua produção de PHB utilizando o método de coloração com vermelho do Nilo, no qual 200 μl de amostras de algas foram adicionados a 50 μl de corante vermelho do Nilo (1mg/ml de stock DMSO) e incubados durante 10 minutos à temperatura ambiente, seguidos de uma lavagem completa com água destilada dupla. Finalmente, utilizou-se o método de montagem húmida para preparar as lâminas com a cultura de algas e observaram-se as lâminas ao microscópio fluorescente (Mahishi *et al.*, 2003) a 465 nm de excitação.

4.1.16 Quantificação da acumulação de PHB

Todos os isolados positivos ao vermelho do Nilo foram submetidos à quantificação da acumulação de PHB de acordo com o método de Jhon e Ralph (1961). As células microalgais que continham o polímero foram peladas a 10.000 rpm durante

10 minutos. O pellet foi ressuspendido em igual volume de hipoclorito de sódio a 4% e incubado à temperatura ambiente durante 1 hora. A mistura inteira foi novamente centrifugada e o sobrenadante foi eliminado. O pellet de células contendo PHB foi novamente lavado com acetona e etanol. Finalmente, os grânulos de polímero foram extraídos com clorofórmio quente.

A adição de ácido sulfúrico ao pó de PHB converte o polímero em ácido crotónico, que é de cor castanha. A solução foi arrefecida e a absorvância lida a 235 nm contra um branco de ácido sulfúrico. A quantidade de PHB foi determinada com base na curva padrão.

4.1.16.1.1. Preparação da curva-padrão

A curva-padrão de PHB foi preparada segundo o método de Law e Slepecky (1969). O PHB puro (Sigma, EUA) foi utilizado para preparar a curva-padrão. Dissolveu-se 200 mg de PHB em 10 ml de H2SO4 concentrado e aqueceu-se durante 10 minutos para converter o PHB em ácido crotónico, obtendo-se 20 mg/ml de ácido crotónico. A partir da solução-mãe acima referida, preparou-se uma solução-padrão de trabalho diluindo 5 ml da solução-mãe (contendo 100 mg de ácido crotónico) para 10 ml com H2SO4, o que dá a concentração final de 10 mg/ml (0,01 g/ml). Esta solução foi utilizada para a preparação da curva-padrão.

4.1.16.1.2. Cultivo em massa de microalgas em condições exteriores

Botryococcus braunii foi cultivado no meio CHU - 13 em condições exteriores durante 30 dias. A biomassa foi colhida por floculação automática e estimada para a acumulação de PHB. Foram efectuados estudos de caraterização adicionais com o PHB purificado.

4.1.17. Caracterização do PHB

4.1.17.1.1. Microscopia eletrónica de transmissão:

Os grânulos de PHB foram avaliados por microscopia eletrónica de transmissão utilizando o método de coloração negativa. A coloração KPT (Potassium Phospho-

Tungstate 2%) não interage quimicamente com a preparação, mas cria um fundo escuro, enquanto a preparação permanece transparente (Parshad *et al.*, 2001 e Rahela e Lucian, 2011) e os estudos foram feitos em CMC, Vellore.

4.1.17.1.2. Espectroscopia de infravermelhos com transformada de Fourier:

A amostra de PHB purificado (2mg) foi misturada com 20mg de brometo de potássio. O espetro FTIR foi registado com o FTIR spectrum one, Perkin Elmer.

4.1.17.1.3. Difração de raios X em pó

As medições de difração de raios X foram efectuadas com um difratómetro Bruker D8 A vance, utilizando radiação Cu *Ka* filtrada com Ni ($\lambda = 0,154$ nm). Os padrões de XRD foram registados na gama $2\theta\ 20^0$ - 70^0 a uma velocidade de varrimento de $1{,}00$ min-1 à temperatura ambiente. O tamanho médio cristalino da partícula de PHB formada no processo pode ser determinado usando a fórmula de Scherer, d=0,9λ/β cos θ.

4.1.17.1.4. Propriedades térmicas

A análise térmica diferencial termogravimétrica (TG-DTA) foi realizada sob atmosfera de azoto (50mL/min) a uma taxa de aquecimento de 20^0 C/min (Haba *et al.*, 2007).

4.1.18. Produção de PHB utilizando água de esgoto

Para verificar a eficiência da estirpe isolada para a síntese de PHB, utilizando água de esgoto como fonte de nutrientes, 10% da cultura nocturna foi inoculada em água de esgoto recolhida de Adayar, Koyambedu e Chrompet. Após a incubação, o PHB acumulado foi recuperado utilizando o método de digestão com hipoclorito de sódio de Jhon e Ralph (1961).

Capítulo 5

5. RESULTADOS

5.1.1. Rastreio de microalgas para estirpes positivas de PHB

Na presente investigação, três espécies diferentes de microalgas, *Chlorella vulgaris*, *Chlorococum humicola* e *Botryococcus braunii*, foram recolhidas da coleção de culturas de algas do Centro de Estudos Avançados em Botânica (Fig. 1 - 2). Foram submetidas ao rastreio primário de estirpes PHB positivas. *Botryococcus braunii* deu o resultado positivo para a acumulação de PHB através do método de coloração com vermelho do Nilo e negro de Sudão B. As estirpes PHB positivas foram observadas como laranja brilhante no vermelho do Nilo e preto azulado no Sudan Black B (Fig. 3-4). Com base na coloração com Nile Red e Sudan Black B, *Botryococcus braunii* foi escolhido para estudos posteriores.

Entre as três microalgas diferentes, a *Botryococcus braunii* apresentou o nível máximo de 180 mg/L de teor de lípidos no dia 15th e o nível máximo de teor de hidratos de carbono de 150 mg/L foi registado no mesmo dia (5 - 9).

5.1.3. Exposição à radiação UV - B

Na presente investigação, foi utilizada a luz ultravioleta B como parâmetro para estudar as alterações induzidas no teor de lípidos e a acumulação de PHB em *Botryococcus braunii*. O organismo de ensaio foi exposto à radiação ultravioleta (UV-B) durante diferentes intervalos de tempo de 10, 15, 30, 45 e 60 minutos. Após o tratamento com UV-B, foram analisadas as alterações no crescimento, no teor de pigmentos e lípidos e na acumulação de PHB durante 30 dias.

O teor de clorofila diminuiu em todos os intervalos de tempo de exposição aos raios UV em comparação com a clorofila de controlo (60 minutos). O controlo foi mais elevado (1,7 mg/L) do que o tratado (1,5 mg/L) após 30 dias de crescimento.

No controlo, o organismo tinha acumulado lípidos até 486 mg/L no dia 25th , enquanto que o organismo exposto a 3Wm^{-2} durante 60 min tinha acumulado apenas 130 mg/L (Fig. 10 - 12)

5.1.4. Quantificação do PHB

O PHB extraído foi quantificado e a pureza foi verificada com base na quantidade de ácido crotónico libertado durante o método de digestão sulfúrica (Anderson et al., 1990). *Botryococcus braunii* foi capaz de acumular 0,382mg/g em 25th dia (Fig. 13).

5.1.5. Acumulação de PHB pelo isolado selecionado em água de esgoto

Foram utilizadas várias águas de esgoto como substratos mais baratos e a acumulação de PHB nestes substratos foi quantificada. Para reduzir o custo de produção, foram recolhidas 4 águas de esgoto diferentes de vários locais em Chennai (Fig. 14 - 16). Entre as quatro amostras de esgoto, a água de esgoto recolhida em Koyambedu mostra um nível elevado de crescimento quando comparada com as outras.

5.1.6. Cultivo em massa de *Botryococcus braunii* em condições exteriores

O cultivo em massa do controlo selecionado *Botryococcus braunii* em água de esgoto recolhida de Koyambedu produz uma biomassa de 1,62g/L em 25th dia em que a acumulação de PHB corresponde a 23% (Fig.17).

5.1.7 Caracterização

5.1.7.1.1. Microscopia eletrónica de transmissão

A cultura crescida de *Botryococcus braunii* em meio CHU-13 foi levada para estudos de Microscópio Eletrónico de Transmissão. Um número relativamente alto de grânulos de PHB bem individualizados foi visto nas células de *Botryococcus braunii* (Fig.18).

5.1.7.1.2. Espectroscopia de infravermelhos com transformada de Fourier

Sl. No.	Absorbance	Assigned Functional Group
1.	3687	Primary alcohol, OH stretch
2.	3434	Normal 'polymeric' OH stretch
3.	2933	Methyl CH_3
4.	2752	Methylamino $N-CH_3$, C-H stretch
5.	2641	Thiols (S-H stretch)
6.	2556	Thiols (S-H stretch)
7.	1652	ester carbonyl, C-C Stretch – Alkenyl
8.	1558	Aliphatic nitro compounds
9.	1458	Organic Sulfates
10.	1232	–C-O-C groups, Aromatic C-H in plane bend
11.	1064	Cyclohexane ring vibrations
12.	776	Arylthioethers (C-S stretch)
13.	669	Aliphatic bromo compounds C-Br stretch

Os espectros FTIR do polímero isolado revelaram que as bandas de absorção a 2933 e 2752cm⁻1 são atribuídas ao grupo -CH_3 das cadeias helicoidais. A banda de absorção a 1652cm^{-1} corresponde ao grupo carbonilo do éster (Fig.19). As bandas a 1232cm^{-1} são as características das vibrações assimétricas e simétricas dos grupos -C-O-C, respetivamente. Portanto, o resultado do FTIR do PHB formado a partir de *Botryococcus braunii* está em total concordância com os relatórios anteriores de Rohini *et al.*, (2006) e Cheng *et al.*,.(2009).

5.1.7.1.3. Difração de raios X em pó

A análise XRD mostrou dois picos de difração distintos a 33° e 46^0 . O tamanho médio dos cristais foi de 588,63A (Fig. 20)

5.1.7.1.4. Propriedades térmicas

A curva TG - DTA para o PHB foi obtida no intervalo de 0^0 C a 350^0 C. Na análise TG - DTA, o controlo de *Botryococcus braunii* mostra que o PHB sofre decomposição térmica a partir de 240^0 C. A perda de peso completa ocorreu por volta de 296^0 C. O PHB mostra estabilidade até 330^0 C. O PHB é estável (Fig. 21).

Capítulo 6

6. DISCUSSÃO

Os plásticos tornaram-se uma parte importante da nossa vida contemporânea e são utilizados em vastos sectores de atividade, como as embalagens, os materiais de construção, os produtos de consumo e muitos outros. Todos os anos, são produzidos mais de 100 milhões de toneladas de plástico em todo o mundo.

A maior parte dos plásticos e polímeros sintéticos são produzidos a partir de produtos petroquímicos. Devido à sua persistência no ambiente, várias comunidades são mais sensíveis ao impacto dos plásticos descartados no ambiente, incluindo os efeitos deletérios na vida selvagem e nas qualidades estéticas das cidades e das florestas.

O aumento do custo da eliminação de resíduos sólidos, bem como os potenciais perigos da incineração de resíduos, como as emissões de dioxinas do PVC, tornam a gestão de resíduos de plástico sintético um problema (Ojumun *et al.*, 2004). Consequentemente, nas últimas duas décadas, tem havido um interesse público e científico crescente no desenvolvimento e utilização de polímeros biodegradáveis como uma alternativa ecologicamente útil aos plásticos. Os plásticos biodegradáveis são fabricados a partir de recursos renováveis e não conduzem ao esgotamento de recursos finitos. Os polihidroxialcanoatos são sintetizados por pelo menos 75 géneros diferentes de microrganismos e são atraídos como plásticos biodegradáveis. São acumulados intracelularmente, até 90% do peso seco da célula, em condições de stress nutricional e funcionam como fonte de energia (Madison e Huisman, 1999).

Assim, neste estudo atual, foi feita uma tentativa de explorar os recursos naturais para a produção de plásticos ecológicos e biodegradáveis. A acumulação de PHB foi estudada em *Botryococcus braunii*. Esta é a primeira tentativa de estudar a acumulação de PHB em *Botryococcus braunii*, o que permitirá lançar luz sobre este domínio.

Neste estudo, foi detectado e caracterizado um novo produtor potencial de PHB a partir da Coleção de Culturas de Algas, CAS em Botânica. Também são relatadas as condições óptimas para a produção máxima de PHB pelo isolado.

Com base em observações microscópicas, *o Botryococcus braunii* foi identificado como resultado positivo para a acumulação de PHB através do método de coloração com vermelho de Nilo e Sudan Black B, entre outros. Além disso, *os Botryococcus braunii* tratados com UV-B também foram examinados quanto à acumulação de clorofila, hidratos de carbono e PHB. Mas a estirpe tratada com UV-B apresenta uma quantidade menor quando comparada com a estirpe de controlo. Em *Nostoc muscorum*, o nível intracelular de PHB foi de até 21,5% do peso seco da célula após 8 dias sob limitação de fosfato (Sandra *et al.*, 2012). Uma vez que *Botryococcus braunii* é um organismo de crescimento lento, a acumulação de PHB é de até 23%, o que pode ser melhorado sob limitação de azoto.

A imagem TEM revela que o PHB bem organizado é acumulado em *Botryococcus braunii, bem como* em *Chloroglea tritschii* e outros microorganismos. São produzidos sob uma fonte de carbono em excesso e em condições de limitação de nutrientes, como a ausência de azoto, fósforo ou enxofre (Rahela e Lucian, 2011).

A análise FT-IR mostrou o grupo funcional adequado, tal como referido por Kulkarni *et al.*, 2010. O gráfico XRD mostra picos acentuados devido à sua maior cristalinidade. O tamanho médio dos cristais é de 588,63A para o BB (Linping Wu *et al.*, 2008). A curva TG - DTA revelou que a perda de peso completa ocorreu por volta dos 296°C, o que foi confirmado pela reação endotérmica na curva DTA. O PHB mostra estabilidade até 330°C. O PHB é estável.

Tanto quanto sabemos, este é o primeiro relatório que afirma a produção de PHB por *Botryococcus braunii* e a utilização de água de esgoto para a produção de PHB.

Capítulo 7

7. CONCLUSÃO

As microalgas também têm o potencial de produzir biopolímeros como o PHB. A concentração de PHB produzido é relativamente menor nos fototróficos do que nas bactérias heterotróficas. Devido à sua necessidade mínima de nutrientes e à sua capacidade de crescer mesmo em águas residuais na presença de CO_2 e de luz solar, estes fototróficos (cianobactérias) poderiam ser explorados como uma fonte alternativa para a produção de PHB. A biomassa poderia ser convertida em plásticos biodegradáveis a baixo custo através da energia solar, o que poderia contribuir para a redução global do custo de produção de plásticos biodegradáveis, que é o fator limitante para a substituição de polímeros sintéticos por PHB como uma alternativa adequada.

Capítulo 8

8. BIBLIOGRAFIA

Anderson A. J. e Doi E.A. (1990). Ocorrência, metabolismo, papel metabólico e utilizações industriais de polihidroxialcanoatos. *Microbiol Rev.,*54: 450- 472.

Andrej Krzan, (2012). Biodegradable Polymers And Plastics, *Programa da Europa Central co - financiado pelo FEDER,* www.plastice.org.

Amro Abd Al Fattah Amara, (2008). Polyhydroyalkanoates from Basic Research and Molecular Biology to Application, *IUM Engineering Journal*, Vol. 9, No. **1**: 37 - 73.

Amara e Moawad, (2011). PHAC Synthases and PHA Depolymerases: the enzymes that produce and degrade plastic, *IIUM Engineering Journal*, Vol. 12, **4**: 21 - 37.

Boopathy, R., 2000, Fator que limita as tecnologias de bioremediação. *Biores. Technol.,* 74: 63 - 67.

Chiang Sheau Huey, (2006). Produção de polihidroxibutirato a partir de resíduos de cafetaria em condições anóxicas e aeróbias num reator descontínuo sequencial.

De Koning G. J. M., Withholt T. B., (1997). Um processo para a recuperação de poli(-3-hidroxialcanoatos) de *Pseudomonads* 1. Solubalização. *Engenharia de Bioprocessos*, 17: 15 - 21.

Flechter, A., (1993). Plastics from Bacteria and PHA as natural, biodegradable polyesters. *Springer Verlag*, Nova Iorque, 77 - 93.

Haba, E., Vidal-Mas J., Bassas M., Espuny M.J., Llorens J., Manresa A., (2007). Poli 3-(hidroxialcanoatos) produzidos a partir de substratos oleosos por *Pseudomonas aeruginosa* 47T2 (NCBIM 40044): Efeito dos nutrientes e da temperatura de incubação na composição do polímero. *Biochemical Engineering Journal*, 35: 99-106.

Hrabak E. M e Willis, D. K., (1992). O gene Lem A necessário para a patogenicidade de *Pseudomonas syringae* pv. *syringae* no feijão é um membro de uma família de reguladores de dois componentes, *Journal of Bacteriology, 174:* 3011 - 3020.

Jiun-Yee Chee *et al.,* (2010). Polihidroxialcanoato (PHA) produzido por bactérias: Converting Renewable Resources into Bioplastics, *Applied Microbiology and Microbial Biotechnology*, 1395 - 1404.

Johnstone, B., (1990). A throw away answer. *Far Eastern Economical Review*, 147: 62 - 63.

Koning G. J. M., Kellerhals, M., Van Meurs C. e Withholt T. B., (1997). Um processo para a recuperação de polihidroxialcanoatos de *Pesudomonads,* desenvolvimento de processos e avaliação económica. *Engenharia de Bioprocessos*, 17:15 - 21.

Kulkarni, S. O., Kanekar, P.P., Nilegaonkar,S.S., Sarnaik, S.S., e Jog, J.P. (2010). Produção e caraterização de um copolímero biodegradável de poli (hidroxibutirato-co-hidroxivalarato) (PHB-co-PHV) por Halomonas campisalis MCM B-1027 moderadamente haloalcalitolaerante isolado de Lonar Loke, Índia. *Biores technol* 101: 9765-9771.

Lafferty R. M., Korsatko, B. e Korsatko, W., (1988). Produção microbiana de ácido poli-β-hidroxibutírico. In: Rehm H. J., Reed, G., editores. *Biotechnology Special microbial Processes*, 136 - 176.

Lee, S. Y., (1996). Polihidroxialcanoatos bacterianos. *Biotecnologia e Bioengenharia*, 49: 1 - 14.

Magda M., Saleh M.A., e Saleh A. K. (2011). Produção de Plástico Biodegradável por Bactérias Filamentosas isoladas da Arábia Saudita. *Jornal de Alimentos, Agricultura e Meio Ambiente*. 9: 751 - 756.

Munekata, M., (2003). Isolamento e caraterização de *Bacillus* sp. INT005 que acumula polihidroxialcanoato do solo de um campo de gás. *Journal of Bioscience and Bioengineering*, 95: 77 - 81.

Rahela, C., Lucian, B., (2011).Investigação da produção de poli-β-hidroxibutirato (PHB) em estirpes bacterianas de montanha por microscopia eletrónica de transmissão, *Romanian Biotechnological Letters,*16: 5989-5995.

Shakhashiri, (2012), Polymers, *Química da Semana.*
Sundaramoorthy, B., Kadiyala, G., Balaji, L., e Bhaskaran, M., (2012). Isolamento e Otimização de estirpes de Cianobactérias produtoras de Poli β Hidroxibutirato, *Revista Internacional de Biologia Aplicada e Tecnologia Farmacêutica*, Volume: 3**(1)**: 137 - 145.

Shilalipi, (2011), Utilização de águas residuais para a produção de poli - hidroxibutirato pela cianobactéria *Aulosira fertilissima* num sistema de recirculação de aquacultura, *Applied and Environmental Microbiology*, 77,**(24)**: 8735 - 8743.

Safak, S., Merlan N., Aslim, B. e Beyatti Y., (2002). Um estudo sobre a produção de poli-β-hidroxibutirato por alguns microrganismos eucarióticos. *Turkish Electronic Journal of Biotechnology*, 11 - 17.

Sudesh, K., Jaguchi, K. e Doi, Y., (2001). Can *Cyanobacteria* be a potential PHA producer, *Riken Review*, 4: 75 - 77.

Congresso dos EUA, Gabinete de Avaliação Tecnológica, *Biopolímeros: Making Materials Nature's Way-Background Paper, OTA-BP-E-102* (Washington, DC: U.S. Government Printing Office, setembro de 1993).

Tajima, K., Igari, T., Nishimura, D., Nakamura, M., Sathoh, Y. *et al.,* (2005). Um estudo sobre a acumulação de PHB em isolados nativos de Pseudomonas LDC-5 e LDC-25. *Indian Journal of Biotechnology*, 4: 216 - 221.

Printed by Books on Demand GmbH, Norderstedt / Germany